Collins easy learning

Addition and subtraction workbook

Ages 5–7

Peter Clarke

How to use this book

- Easy Learning workbooks help your child improve basic skills, build confidence and develop a love of learning.
- Find a quiet, comfortable place to work, away from distractions.
- Get into a routine of completing one or two workbook pages with your child every day.
- Ask your child to circle the star that matches how many questions they have completed every two pages:

Some = half of the questions   Most = more than half   All = all the questions

- The progress certificate at the back of this book will help you and your child keep track of how many ★ have been circled.
- Encourage your child to work through all of the questions eventually, and praise them for completing the progress certificate.

- Knowing off by heart the addition facts to 10 helps your child when adding larger numbers.
- Subtraction can be thought of as 'taking away' (counting back) or 'finding the difference' (counting on).

Parent tip
Look out for tips on how to help your child.

- Ask your child to find, count and colour in the little monkeys that are hidden throughout this book.
- This will help engage them with the pages of the book and get them interested in the activities.

(Don't count this one.)

Published by Collins
An imprint of HarperCollins*Publishers*
1 London Bridge Street
London SE1 9GF

Browse the complete Collins catalogue at
www.collins.co.uk

© HarperCollins*Publishers* 2012
This edition © HarperCollins*Publishers* 2015

10 9 8 7 6 5 4 3 2 1

ISBN 978-0-00-813429-7

The author asserts the moral right to be identified as the author of this work.

The author wishes to thank Brian Molyneaux for his valuable contribution to this publication.

The author and publisher are grateful to the copyright holders for permission to use the quoted materials and images.
p25 © joingate/Shutterstock.com

All rights reserved. No part of this publication may be reproduced, stored in a retrieval system, or transmitted, in any form or by any means, electronic, mechanical, photocopying, recording or otherwise, without the prior permission of Collins.

British Library Cataloguing in Publication Data

A Catalogue record for this publication is available from the British Library

Written by Peter Clarke
Design and layout by Linda Miles, Lodestone Publishing and Contentra Technologies
Illustrated by Graham Smith and Jenny Tulip
Cover design by Sarah Duxbury and Paul Oates
Cover illustration by Kathy Baxendale
Project managed by Chantal Peacock and Sonia Dawkins

MIX
Paper from responsible sources
FSC™ C007454

FSC™ is a non-profit international organisation established to promote the responsible management of the world's forests. Products carrying the FSC label are independently certified to assure consumers that they come from forests that are managed to meet the social, economic and ecological needs of present and future generations, and other controlled sources.

Find out more about HarperCollins and the environment at
www.harpercollins.co.uk/green

Contents

How to use this book	2
Understanding addition	4
Understanding subtraction	6
Addition facts to 10	8
Subtraction facts to 10	10
Addition facts to 20	12
Subtraction facts to 20	14
Multiples of 10	16
Adding three 1-digit numbers	18
Adding a 2-digit number and ones	20
Subtracting a 2-digit number and ones	22
Adding a 2-digit number and tens	24
Subtracting a 2-digit number and tens	26
Adding and subtracting two 2-digit numbers	28
Answers	30

Understanding addition

Parent tip
Encourage your child to start with the larger number and count on the smaller number.

1 How many fingers altogether?

3 + 2 = 5   4 + 3 = 7

4 + 2 = 6   1 + 4 = 5

2 How many cakes altogether?

2 + 2 = 4   3 + 5 = 8

5 + 4 = 9   5 + 5 = 10

3 Add together the same type of creature from both leaves.

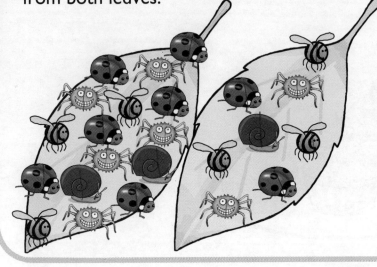

4 + 3 = 7

3 + 3 = 6

6 + 2 = 8

2 + 1 = 3

4 Draw a line to join each handful of sweets to its matching number sentence. Then write the answer.

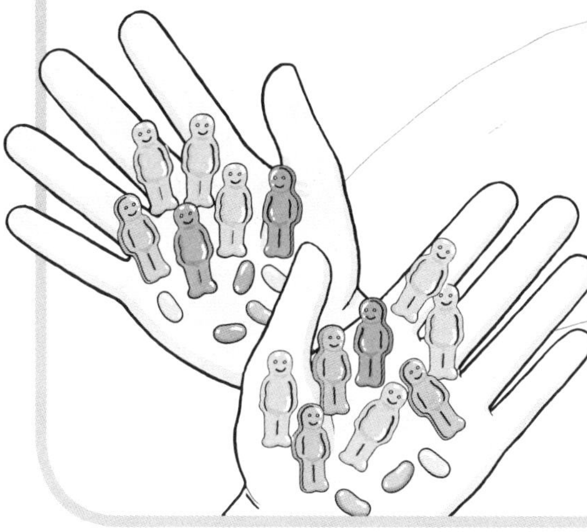

3 + 8 = 11
2 + 7 = 9
6 + 5 = 11
4 + 4 = 8

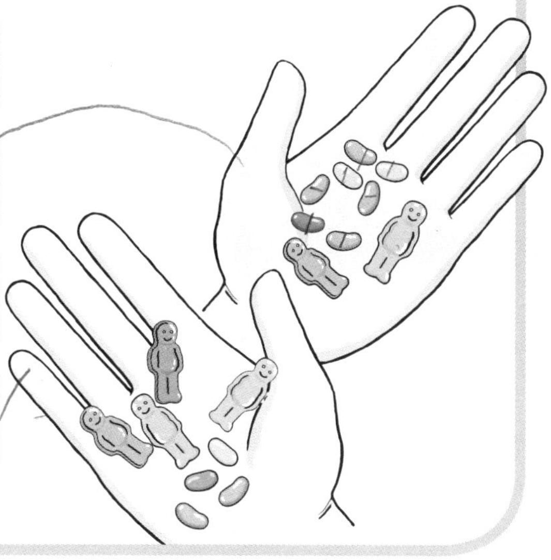

5 Use the number lines to complete the number sentences.

5 + 4 = 9
6 + 2 = 8
7 + 5 = 10
8 + 6 = 20

6 Add each pair of dice.

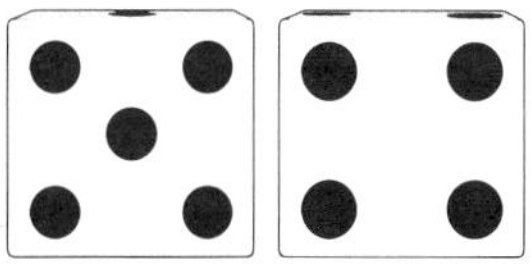

5 + 4 = 9
6 + 6 = 12 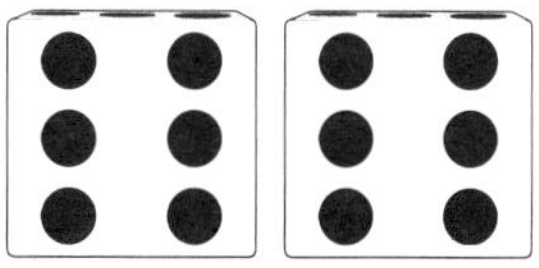
6 + 3 = 9 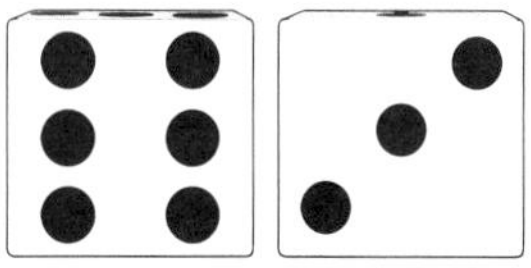
4 + 2 = 6 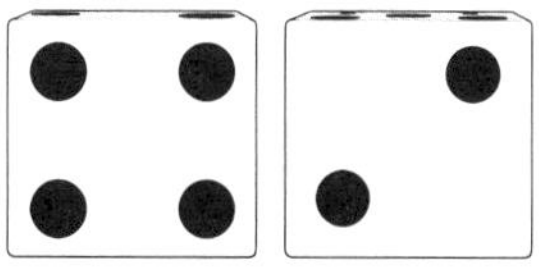

How much did you do? **Questions 1–6**

Circle the star to show what you have done.

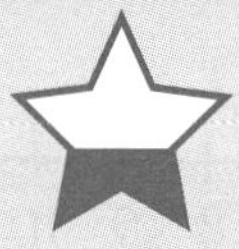

Some 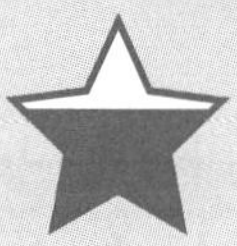   Most 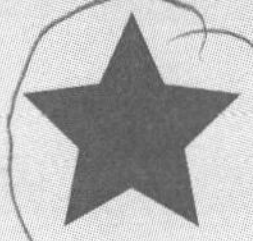   All (circled)

Understanding subtraction

Parent tip
Subtraction can be thought of as 'taking away' (counting back) or 'finding the difference' (counting on).

1 Cross out the cakes and write the answers.

7 − 4 = ☐

8 − 6 = ☐

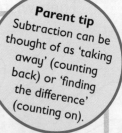

9 − 5 = ☐

5 − 3 = ☐

2 Draw a line to join each picture to its number sentence. Then write the answer.

   8 − 4 = ☐

                              5 − 4 = ☐

                              6 − 2 = ☐

   7 − 3 = ☐

3 Count back from the larger number to help you answer these.

8 − 5 = ☐ |+-|
            0 1 2 3 4 5 6 7 8 9 10 11 12 13 14 15 16 17 18 19 20

9 − 7 = ☐ |+-|
            0 1 2 3 4 5 6 7 8 9 10 11 12 13 14 15 16 17 18 19 20

13 − 8 = ☐ |+-|
            0 1 2 3 4 5 6 7 8 9 10 11 12 13 14 15 16 17 18 19 20

15 − 7 = ☐ |+-|
            0 1 2 3 4 5 6 7 8 9 10 11 12 13 14 15 16 17 18 19 20

4 Circle the leaf with fewer ladybirds. Then work out how many fewer there are.

☐ – ☐ = ☐

☐ – ☐ = ☐

☐ – ☐ = ☐

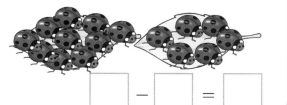

☐ – ☐ = ☐

5 Work out the difference between each pair of dice.

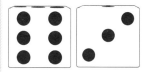 ☐ – ☐ = ☐    ☐ – ☐ = ☐

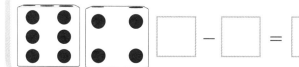 ☐ – ☐ = ☐   ☐ – ☐ = ☐

6 Count on from the smaller number to help you answer these.

7 – 5 = ☐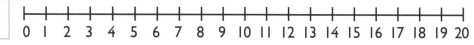
0 1 2 3 4 5 6 7 8 9 10 11 12 13 14 15 16 17 18 19 20

10 – 4 = ☐
0 1 2 3 4 5 6 7 8 9 10 11 12 13 14 15 16 17 18 19 20

18 – 6 = ☐
0 1 2 3 4 5 6 7 8 9 10 11 12 13 14 15 16 17 18 19 20

17 – 9 = ☐
0 1 2 3 4 5 6 7 8 9 10 11 12 13 14 15 16 17 18 19 20

How much did you do?   **Questions 1–6**

Circle the star to show what you have done.

 Some    Most    All

Addition facts to 10

1 Answer these.

4 + 1 = ☐   2 + 0 = ☐   3 + 4 = ☐

2 + 1 = ☐   6 + 4 = ☐   3 + 2 = ☐

0 + 7 = ☐   2 + 2 = ☐   2 + 7 = ☐

1 + 5 = ☐   2 + 6 = ☐   1 + 0 = ☐

6 + 3 = ☐   1 + 3 = ☐   5 + 3 = ☐

0 + 3 = ☐   4 + 2 = ☐   5 + 5 = ☐

2 Work out the answer to each number sentence. Then use the code to colour the picture.

= 6 Orange
= 7 Yellow
= 8 Red
= 9 Blue
= 10 Green

Parent tip Knowing off by heart the addition facts to 10 helps your child when adding larger numbers.

3 Draw a line to match each addition problem to its answer card.

4					7
6	2+2	3+3	6+2		8
	5+2	1+3		
	5+3	5+1	4+3	

4 These are all the addition number facts for 5, 6 and 7. Fill in the missing numbers.

5 + [0], 4 + [ ], 3 + [ ], 2 + [ ], 1 + [ ]

6 + [ ], 5 + [ ], 4 + [2], 3 + [ ], 2 + [ ], 1 + [ ]

7 + [ ], 6 + [ ], 5 + [ ], 4 + [ ], 3 + [4], 2 + [ ], 1 + [ ]

5 Complete the tables.

+	5	3	2	7
3		6		
1				

+	4	3	6	1
4				
2		5		

6 Fill in the missing numbers.

0 + [ ] = 1   5 + [ ] = 7   [ ] + 1 = 2

4 + [ ] = 10   [ ] + 0 = 4   [ ] + 4 = 9

[ ] + 1 = 7   2 + [ ] = 5   [ ] + 7 = 10

1 + [ ] = 3   [ ] + 5 = 8   2 + [ ] = 6

[ ] + 2 = 10   1 + [ ] = 8   3 + [ ] = 4

7 + [ ] = 9   [ ] + 4 = 5   [ ] + 1 = 6

How much did you do?   Questions 1–6

Circle the star to show what you have done.

 Some   Most    All

Subtraction facts to 10

1 Answer these.

8 − 6 = ☐   5 − 1 = ☐   7 − 5 = ☐

4 − 3 = ☐   1 − 0 = ☐   4 − 2 = ☐

10 − 2 = ☐   9 − 2 = ☐   9 − 5 = ☐

3 − 1 = ☐   6 − 4 = ☐   2 − 2 = ☐

7 − 4 = ☐   10 − 6 = ☐   8 − 5 = ☐

5 − 3 = ☐   6 − 3 = ☐   9 − 6 = ☐

2 Work out the answer to each number sentence. Then use the code to colour the picture.

= 2   Orange
= 3   Yellow
= 4   Red
= 5   Blue
= 6   Green

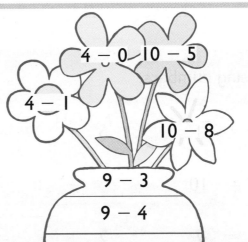

4 − 0   10 − 5
4 − 1
10 − 8
9 − 3
9 − 4
5 − 2
8 − 4
7 − 1

Parent tip Knowing off by heart the subtraction facts to 10 helps your child when subtracting larger numbers.

3 Draw a line to match each subtraction problem to its answer card.

3   8 − 3   6 − 4   9 − 2   5
              7 − 4   10 − 7
      2   7 − 0   8 − 6   10 − 5   7

4 These are all the subtraction number facts for 4, 5 and 6. Fill in the missing numbers.

4 − 1 = 3, 4 − 2 = ☐, 4 − 3 = ☐, 4 − 4 = ☐

5 − 1 = ☐, 5 − 2 = ☐, 5 − 3 = ☐, 5 − 4 = 1, 5 − 5 = ☐

6 − 1 = ☐, 6 − 2 = 4, 6 − 3 = ☐, 6 − 4 = ☐, 6 − 5 = ☐, 6 − 6 = ☐

Parent tip
While numbers can be added in any order, in subtraction the order of the numbers matters.

5 Complete the tables by taking away the numbers along the top rows from the numbers down the side.

−	4	2	3	5
8				
5			2	

−	6	5	3	7
7			4	
10				

6 Fill in the missing numbers.

9 − ☐ = 6   6 − ☐ = 0   ☐ − 2 = 1

☐ − 2 = 3   7 − ☐ = 5   ☐ − 4 = 6

2 − ☐ = 1   6 − ☐ = 1   4 − ☐ = 4

8 − ☐ = 6   ☐ − 7 = 2   10 − ☐ = 3

☐ − 3 = 4   ☐ − 0 = 0   ☐ − 3 = 5

8 − ☐ = 4   6 − ☐ = 4   ☐ − 6 = 1

How much did you do? **Questions 1–6**

Circle the star to show what you have done.

 Some   Most   All

Addition facts to 20

1 Answer these.

5 + 6 = ☐   8 + 6 = ☐   9 + 6 = ☐

3 + 8 = ☐   7 + 11 = ☐   8 + 8 = ☐

12 + 5 = ☐   4 + 8 = ☐   6 + 7 = ☐

7 + 4 = ☐   9 + 9 = ☐   16 + 3 = ☐

2 For each target add the two numbers with a dart in.

3 Add together pairs of numbers next to each other and write the answers in the boxes above.

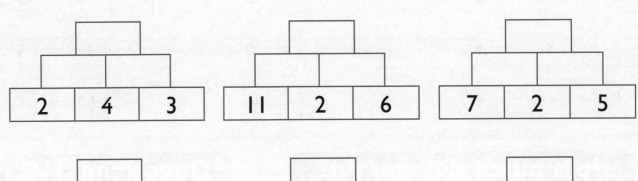

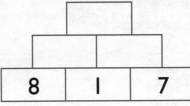
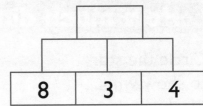

4 Add together the two numbers that are on the same shape. Write the total in the matching blue shape.

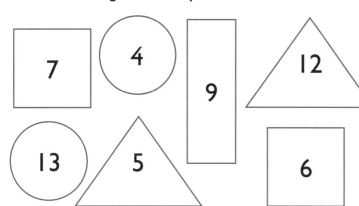
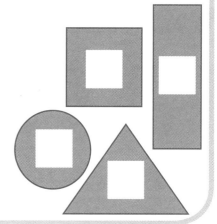

5 Complete the addition table.

+	4	6	9	3	5	8	7
4	8						
7							
5						13	
8							

Parent tip
Ask your child addition questions using words such as 'sum', 'total', 'more', 'plus' and 'add'.

6 Fill in the missing numbers.

9 + ☐ = 15   3 + ☐ = 7   ☐ + 6 = 12

☐ + 6 = 11   ☐ + 5 = 16   8 + ☐ = 12

☐ + 8 = 15   8 + ☐ = 14   ☐ + 2 = 15

6 + ☐ = 17   ☐ + 9 = 14   4 + ☐ = 13

How much did you do?   Questions 1–6

Circle the star to show what you have done.

 Some   Most    All

Subtraction facts to 20

1 Answer these.

6 − 4 = ☐   15 − 5 = ☐   4 − 0 = ☐

7 − 3 = ☐   9 − 4 = ☐   18 − 6 = ☐

19 − 6 = ☐   16 − 3 = ☐   9 − 5 = ☐

8 − 2 = ☐   17 − 4 = ☐   7 − 6 = ☐

2 For each target find the difference between each pair of darts by taking the smaller number from the larger number.

3 Find the difference between each pair of numbers next to each other and write the answer in the box above.

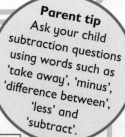

Parent tip
Ask your child subtraction questions using words such as 'take away', 'minus', 'difference between', 'less' and 'subtract'.

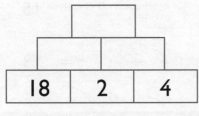 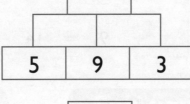 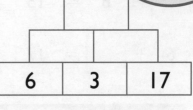

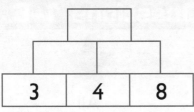 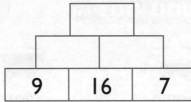 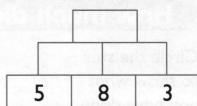

4 Find the difference between the two numbers that are on the same shape. Write the answer in the matching blue shape.

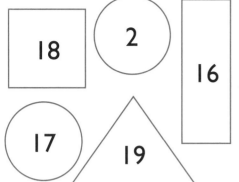
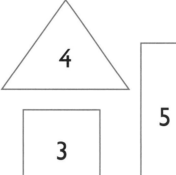
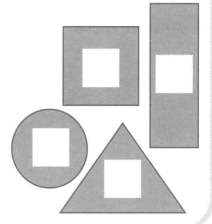

5 Complete the subtraction tables.

−	2	4	6
16	14		
9			
15			
7			

−	7	5	3
8			
16			
9	2		
17			

6 Fill in the missing numbers.

☐ − 4 = 5   5 − ☐ = 0   ☐ − 3 = 5

16 − ☐ = 4   4 − ☐ = 2   ☐ − 15 = 2

☐ − 11 = 4   ☐ − 17 = 1   9 − ☐ = 3

17 − ☐ = 14   ☐ − 14 = 2   18 − ☐ = 3

How much did you do?   **Questions 1–6**

Circle the star to show what you have done.

 Some   Most   All

Multiples of 10

Parent tip
Use the number facts to 10 to help when adding and subtracting multiples of 10.

1 Answer these.

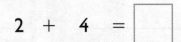

2 + 4 = ☐   1 + 3 = ☐   3 + 2 = ☐

20 + 40 = ☐   10 + 30 = ☐   30 + 20 = ☐

2 + 2 = ☐   5 + 2 = ☐   2 + 7 = ☐

20 + 20 = ☐   50 + 20 = ☐   20 + 70 = ☐

5 + 1 = ☐   6 + 2 = ☐   4 + 6 = ☐

50 + 10 = ☐   60 + 20 = ☐   40 + 60 = ☐

2 Fill in the missing numbers. Then draw lines to join each pair of related facts.

2 + 6 = ☐   20 + 30 = ☐   7 + 3 = ☐

5 + 3 = ☐   1 + 4 = ☐

10 + 40 = ☐   20 + 60 = ☐

2 + 3 = ☐   70 + 30 = ☐   50 + 30 = ☐

3 Write the missing numbers in the circles. Then write the number sentences for the related multiples of 10.

5 + 4 = ◯   3 + 4 = ◯   7 + 2 = ◯

☐ + ☐ = ☐   ☐ + ☐ = ☐   ☐ + ☐ = ☐

4 Answer these.

6 − 3 = ☐   10 − 5 = ☐   9 − 3 = ☐

60 − 30 = ☐   100 − 50 = ☐   90 − 30 = ☐

7 − 4 = ☐   6 − 2 = ☐   10 − 8 = ☐

70 − 40 = ☐   60 − 20 = ☐   100 − 80 = ☐

8 − 2 = ☐   9 − 2 = ☐   7 − 6 = ☐

80 − 20 = ☐   90 − 20 = ☐   70 − 60 = ☐

5 Fill in the missing numbers. Then draw lines to join each pair of related facts.

10 − 4 = ☐   80 − 40 = ☐   7 − 2 = ☐

5 − 2 = ☐   100 − 40 = ☐

70 − 20 = ☐   60 − 10 = ☐

6 − 1 = ☐   50 − 20 = ☐   8 − 4 = ☐

6 Write the missing numbers in the circles. Then write the number sentences for the related multiples of 10.

5 − 3 = ◯   8 − 5 = ◯   6 − 4 = ◯

☐ − ☐ = ☐   ☐ − ☐ = ☐   ☐ − ☐ = ☐

How much did you do?   **Questions 1–6**

Circle the star to show what you have done.

 Some   Most   All

Adding three 1-digit numbers

1 How many fingers?

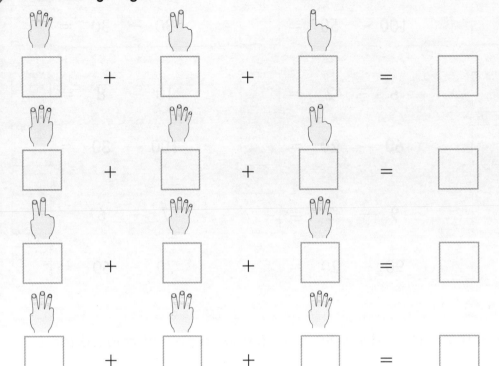

2 Complete each number sentence.

4 + 5 + 3 = ☐   2 + 1 + 7 = ☐

6 + 2 + 2 = ☐   9 + 4 + 3 = ☐

5 + 4 + 3 = ☐   6 + 2 + 5 = ☐

8 + 2 + 3 = ☐   5 + 8 + 6 = ☐

Parent tip
Roll 3 or more dice or show some playing cards, and ask your child to find the total.

3 For each target add together all the numbers with a dart in.

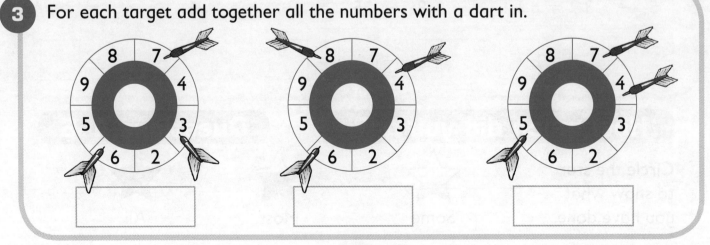

4 Draw jumps on the number lines. Start with the largest number.

4 + 7 + 5 = ☐   `0 1 2 3 4 5 6 7 8 9 10 11 12 13 14 15 16 17 18 19 20`

6 + 5 + 6 = ☐   `0 1 2 3 4 5 6 7 8 9 10 11 12 13 14 15 16 17 18 19 20`

8 + 3 + 9 = ☐   `0 1 2 3 4 5 6 7 8 9 10 11 12 13 14 15 16 17 18 19 20`

7 + 5 + 4 = ☐   `0 1 2 3 4 5 6 7 8 9 10 11 12 13 14 15 16 17 18 19 20`

5 Fill in the missing numbers.

4 + ☐ + 2 = 12   5 + 1 + ☐ = 15

☐ + 5 + 1 = 13   8 + ☐ + 5 = 18

3 + 2 + ☐ = 13   ☐ + 6 + 8 = 22

5 + ☐ + 8 = 17   5 + ☐ + 7 = 21

6 Add the numbers in the same shapes. Write answers in the matching blue shape.

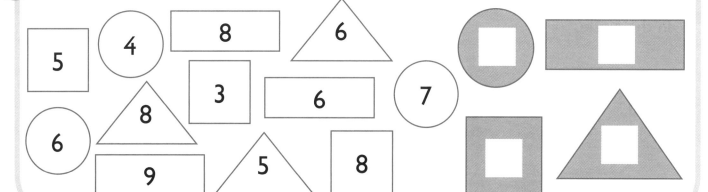

How much did you do?   Questions 1–6

Circle the star to show what you have done.

 Some   Most   All

Adding a 2-digit number and ones

Parent tip Add the two units digits first and then add on the tens number.

1 Answer these.

57 + 6 = ☐   29 + 5 = ☐   36 + 8 = ☐

45 + 8 = ☐   73 + 7 = ☐   84 + 9 = ☐

82 + 5 = ☐   17 + 4 = ☐   68 + 6 = ☐

2 Add the number on the circle to each of the numbers in the grid.

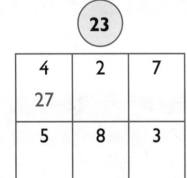
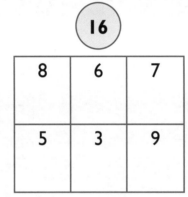
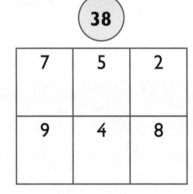

3 Add the card number to the number on the star and write the answer in the circle.

7

56   72   83   68

9

44   86   35   71

4 Write the numbers that come out of the machines.

5 Draw a line to join each addition problem with its answer.

(51)   (62)   (102)   (73)   (41)   (81)

[38 + 3]   [57 + 5]   [74 + 7]   [47 + 4]   [94 + 8]   [66 + 7]

6 Fill in the missing numbers.

47 + ☐ = 52   ☐ + 8 = 31   ☐ + 7 = 76

84 + ☐ = 87   ☐ + 6 = 42   71 + ☐ = 80

☐ + 6 = 18   58 + ☐ = 62   95 + ☐ = 103

How much did you do? **Questions 1–6**

Circle the star to show what you have done.

 Some   Most   All

Subtracting a 2-digit number and ones

1 Answer these.

56 − 3 = ☐   27 − 4 = ☐   32 − 5 = ☐

74 − 5 = ☐   43 − 6 = ☐   15 − 7 = ☐

91 − 2 = ☐   60 − 8 = ☐   88 − 9 = ☐

2 Find the difference between the number on the circle and the numbers in the grid.

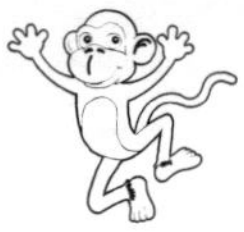

(37)

5	9	3
32		
7	1	6

(12)

7	4	5
2	8	6

(45)

8	3	1
2	5	9

3 Subtract the card number from the number on the star and write the answer in the circle.

[6]   ☆24 ☆42 ☆78 ☆15

[8]   ☆39 ☆56 ☆97 ☆63

4 Write the numbers that come out of the machines.

Parent tip
Say a 2-digit number and roll a dice. Ask your child to find the difference between the two numbers.

5 Draw a line to join each subtraction problem with its answer.

(79)   (48)   (58)   (88)   (34)   (71)

[53 − 5]   [75 − 4]   [42 − 8]   [94 − 6]   [61 − 3]   [86 − 7]

6 Fill in the missing numbers.

65 − ☐ = 62   ☐ − 5 = 25   46 − ☐ = 40

☐ − 9 = 8   58 − ☐ = 56   ☐ − 7 = 74

73 − ☐ = 69   ☐ − 6 = 23   92 − ☐ = 84

How much did you do?   **Questions 1–6**

Circle the star to show what you have done.

 Some   Most   All

Adding a 2-digit number and tens

1 Add together the numbers on each pair of boats.

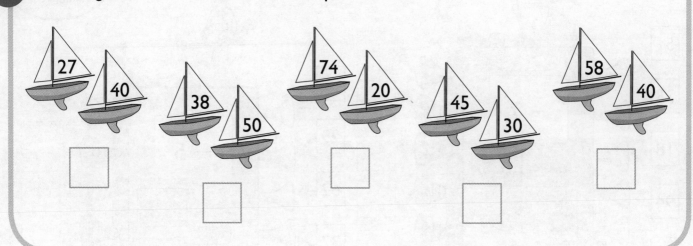

2 Find the totals.

3 Complete the addition table.

+	36	23	51	48	14	33	56	44
40								
10				58				
30								
20								

4 Work out the total of each flag and car.

5 Draw a line to join each addition to its answer.

| 13 + 30 | 54 + 40 | 34 + 50 | 40 + 24 | 50 + 24 | 20 + 14 |

64   84   43   34   94   74

6 Fill in the answers.

56 + 20 =   40 + 37 =   74 + 20 =

39 + 50 =   47 + 30 =   60 + 12 =

20 + 38 =   60 + 23 =   56 + 40 =

41 + 30 =   25 + 60 =   20 + 71 =

How much did you do?   Questions 1–6

Circle the star to show what you have done.

 Some   Most   All

Subtracting a 2-digit number and tens

1 Find the difference between the numbers on each pair of cherries.

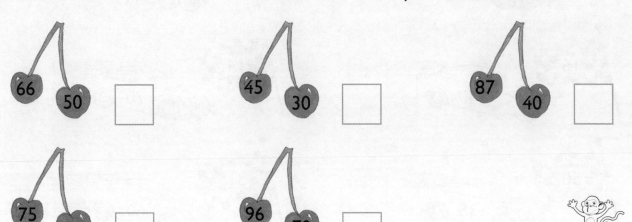

2 Find the difference.

3 Complete the subtraction tables.

−	40	10	20	30
59				
66			46	
88				
77				

−	40	70	50	60
91				
89				
73				13
96				

4 Find the difference between the cup and the saucer.

 ☐  ☐

 ☐  ☐

 ☐  ☐

5 Draw a line to join each subtraction to its answer.

| 81 − 40 | 26 − 10 | 72 − 30 | 68 − 50 | 44 − 20 | 57 − 30 |

(18)　(27)　(16)　(41)　(42)　(24)

6 Fill in the answers.

73 − 40 = ☐   62 − 20 = ☐   81 − 50 = ☐

46 − 20 = ☐   58 − 30 = ☐   37 − 10 = ☐

93 − 70 = ☐   51 − 40 = ☐   84 − 60 = ☐

49 − 40 = ☐   56 − 20 = ☐   87 − 40 = ☐

How much did you do? **Questions 1–6**

Circle the star to show what you have done.

 Some   Most   All

Adding and subtracting two 2-digit numbers

1 Work out the total of each pair of number cards.

2 Work out the answers. Write down your thinking.

53 + 47 =

35 + 28 =

12 + 34 =

28 + 46 =

Parent tip
Encourage your child to make jottings if they are having difficulty working out the answer entirely in their head.

3 Match the stars and use the two numbers to complete the addition number sentences.

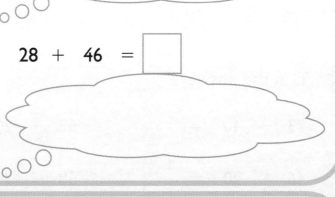

4 Work out the difference between each pair of number cards.

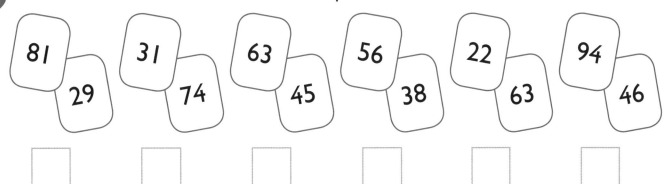

5 Work out the answers. Write down your thinking.

46 − 24 = ☐

32 − 15 = ☐

54 − 22 = ☐

55 − 38 = ☐

6 Match the stars and use the two numbers to complete the subtraction number sentences.

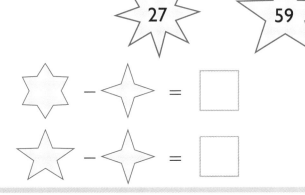

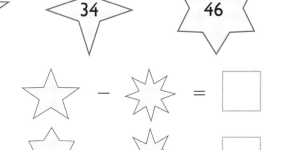

How much did you do?   Questions 1–6

Circle the star to show what you have done.

Some   Most   All

Answers

Understanding addition
Page 4
1. 3 + 2 = 5   4 + 3 = 7
   4 + 2 = 6   1 + 4 = 5
2. 2 + 2 = 4   3 + 5 = 8
   5 + 4 = 9   5 + 5 = 10
3. 5 + 2 = 7   6 + 2 = 8
   3 + 3 = 6   2 + 1 = 3

Page 5
4. 3 + 8 = 11   6 + 5 = 11
   2 + 7 = 9   4 + 4 = 8
5. 5 + 4 = 9   7 + 5 = 12
   6 + 2 = 8   8 + 6 = 14
6. 5 + 4 = 9   6 + 6 = 12
   6 + 3 = 9   4 + 2 = 6

Understanding subtraction
Page 6
1. 7 − 4 = 3   8 − 6 = 2
   5 − 3 = 2   9 − 5 = 4
2. 8 − 4 = 4   6 − 2 = 4
   5 − 4 = 1   7 − 3 = 4
3. 8 − 5 = 3   13 − 8 = 5
   9 − 7 = 2   15 − 7 = 8

Page 7
4. 5 − 2 = 3   8 − 4 = 4
   6 − 5 = 1   10 − 6 = 4
5. 6 − 3 = 3   5 − 1 = 4
   6 − 4 = 2   4 − 2 = 2
6. 7 − 5 = 2   18 − 6 = 12
   10 − 4 = 6   17 − 9 = 8

Addition facts to 10
Page 8
1. 4 + 1 = 5   2 + 0 = 2   3 + 4 = 7
   2 + 1 = 3   6 + 4 = 10   3 + 2 = 5
   0 + 7 = 7   2 + 2 = 4   2 + 7 = 9
   1 + 5 = 6   2 + 6 = 8   1 + 0 = 1
   6 + 3 = 9   1 + 3 = 4   5 + 3 = 8
   0 + 3 = 3   4 + 2 = 6   5 + 5 = 10

2. (clown picture: 10, 8, 10, 9, 7, 6, 7, 8)

3. 4 = 2 + 2 and 1 + 3   7 = 5 + 2 and 4 + 3
   6 = 5 + 1 and 3 + 3   8 = 5 + 3 and 6 + 2

Page 9
4. 5 + 0, 4 + 1, 3 + 2, 2 + 3, 1 + 4
   6 + 0, 5 + 1, 4 + 2, 3 + 3, 2 + 4, 1 + 5
   7 + 0, 6 + 1, 5 + 2, 4 + 3, 3 + 4, 2 + 5, 1 + 6

5.
+	5	3	2	7
3	8	6	5	10
1	6	4	3	8

+	4	3	6	1
4	8	7	10	5
2	6	5	8	3

6. 0 + 1 = 1   5 + 2 = 7   1 + 1 = 2
   4 + 6 = 10   4 + 0 = 4   5 + 4 = 9
   6 + 1 = 7   2 + 3 = 5   3 + 7 = 10
   1 + 2 = 3   3 + 5 = 8   2 + 4 = 6
   8 + 2 = 10   1 + 7 = 8   3 + 1 = 4
   7 + 2 = 9   1 + 4 = 5   5 + 1 = 6

Subtraction facts to 10
Page 10
1. 8 − 6 = 2   5 − 1 = 4   7 − 5 = 2
   4 − 3 = 1   1 − 0 = 1   4 − 2 = 2
   10 − 2 = 8   9 − 2 = 7   9 − 5 = 4
   3 − 1 = 2   6 − 4 = 2   2 − 2 = 0
   7 − 4 = 3   10 − 6 = 4   8 − 5 = 3
   5 − 3 = 2   6 − 3 = 3   9 − 6 = 3

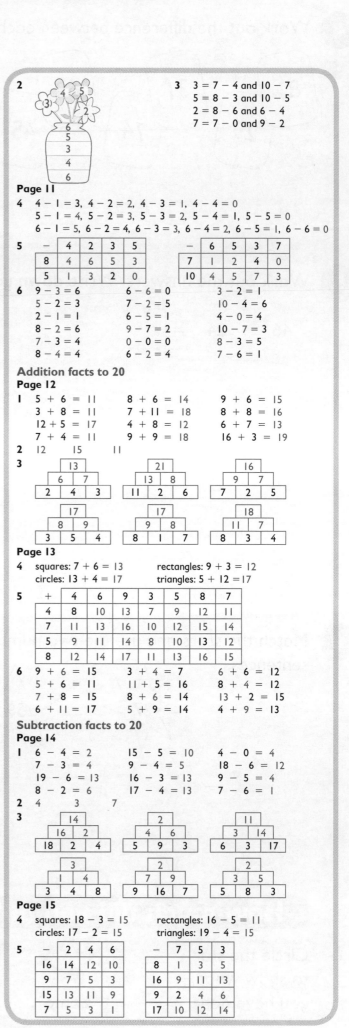

2. (vase picture: 4, 3, 2, 6, 5, 3, 4, 6)

3. 3 = 7 − 4 and 10 − 7
   5 = 8 − 3 and 10 − 5
   2 = 8 − 6 and 6 − 4
   7 = 7 − 0 and 9 − 2

Page 11
4. 4 − 1 = 3, 4 − 2 = 2, 4 − 3 = 1, 4 − 4 = 0
   5 − 1 = 4, 5 − 2 = 3, 5 − 3 = 2, 5 − 4 = 1, 5 − 5 = 0
   6 − 1 = 5, 6 − 2 = 4, 6 − 3 = 3, 6 − 4 = 2, 6 − 5 = 1, 6 − 6 = 0

5.
−	4	2	3	5
8	4	6	5	3
5	1	3	2	0

−	6	5	3	7
7	1	2	4	0
10	4	5	7	3

6. 9 − 3 = 6   6 − 6 = 0   3 − 2 = 1
   5 − 2 = 3   7 − 2 = 5   10 − 4 = 6
   2 − 1 = 1   6 − 5 = 1   4 − 0 = 4
   8 − 2 = 6   9 − 7 = 2   10 − 7 = 3
   7 − 3 = 4   0 − 0 = 0   8 − 3 = 5
   8 − 4 = 4   6 − 2 = 4   7 − 6 = 1

Addition facts to 20
Page 12
1. 5 + 6 = 11   8 + 6 = 14   9 + 6 = 15
   3 + 8 = 11   7 + 11 = 18   8 + 8 = 16
   12 + 5 = 17   4 + 8 = 12   6 + 7 = 13
   7 + 4 = 11   9 + 9 = 18   16 + 3 = 19

2. 12   15   11

3.
13	
6	7
2	4	3

21	
13	8
11	2	6

16	
9	7
7	2	5

17	
8	9
3	5	4

17	
9	8
8	1	7

18	
11	7
8	3	4

Page 13
4. squares: 7 + 6 = 13   rectangles: 9 + 3 = 12
   circles: 13 + 4 = 17   triangles: 5 + 12 = 17

5.
+	4	6	9	3	5	8	7
4	8	10	13	7	9	12	11
7	11	13	16	10	12	15	14
5	9	11	14	8	10	13	12
8	12	14	17	11	13	16	15

6. 9 + 6 = 15   3 + 4 = 7   6 + 6 = 12
   5 + 6 = 11   11 + 5 = 16   8 + 4 = 12
   7 + 8 = 15   8 + 6 = 14   13 + 2 = 15
   6 + 11 = 17   5 + 9 = 14   4 + 9 = 13

Subtraction facts to 20
Page 14
1. 6 − 4 = 2   15 − 5 = 10   4 − 0 = 4
   7 − 3 = 4   9 − 4 = 5   18 − 6 = 12
   19 − 6 = 13   16 − 3 = 13   9 − 5 = 4
   8 − 2 = 6   17 − 4 = 13   7 − 6 = 1

2. 4   3   7

3.
14	
16	2
18	2	4

2	
4	6
5	9	3

11	
3	14
6	3	17

3	
1	4
3	4	8

2	
7	9
9	16	7

2	
3	5
5	8	3

Page 15
4. squares: 18 − 3 = 15   rectangles: 16 − 5 = 11
   circles: 17 − 2 = 15   triangles: 19 − 4 = 15

5.
−	2	4	6
16	14	12	10
9	7	5	3
15	13	11	9
7	5	3	1

−	7	5	3
8	1	3	5
16	9	11	13
9	2	4	6
17	10	12	14

30

6 9 − 4 = 5   5 − 5 = 0   8 − 3 = 5
   16 − 12 = 4   4 − 2 = 2   17 − 15 = 2
   15 − 11 = 4   18 − 17 = 1 9 − 6 = 3
   17 − 3 = 14 16 − 14 = 2 18 − 15 = 3

Multiples of 10
Page 16
1 2 + 4 = 6   1 + 3 = 4   3 + 2 = 5
   20 + 40 = 60 10 + 30 = 40 30 + 20 = 50
   2 + 2 = 4   5 + 2 = 7   2 + 7 = 9
   20 + 20 = 40 50 + 20 = 70 20 + 70 = 90
   5 + 1 = 6   6 + 2 = 8   4 + 6 = 10
   50 + 10 = 60 60 + 20 = 80 40 + 60 = 100
2 2 + 6 = 8   20 + 30 = 50 7 + 3 = 10
   5 + 3 = 8   1 + 4 = 5
   10 + 40 = 50   20 + 60 = 80
   2 + 3 = 5   70 + 30 = 100 50 + 30 = 80
3 5 + 4 = 9   3 + 4 = 7   7 + 2 = 9
   50 + 40 = 90 30 + 40 = 70 70 + 20 = 90

Page 17
4 6 − 3 = 3   10 − 5 = 5   9 − 3 = 6
   60 − 30 = 30 100 − 50 = 50 90 − 30 = 60
   7 − 4 = 3   6 − 2 = 4   10 − 8 = 2
   70 − 40 = 30 60 − 20 = 40 100 − 80 = 20
   8 − 2 = 6   9 − 2 = 7   7 − 6 = 1
   80 − 20 = 60 90 − 20 = 70 70 − 60 = 10
5 10 − 4 = 6   80 − 40 = 40 7 − 2 = 5
   5 − 2 = 3   100 − 40 = 60
   70 − 20 = 50   60 − 10 = 50
   6 − 1 = 5   50 − 20 = 30 8 − 4 = 4
6 5 − 3 = 2   8 − 5 = 3   6 − 4 = 2
   50 − 30 = 20 80 − 50 = 30 60 − 40 = 20

Adding three 1-digit numbers
Page 18
1 4 + 2 + 1 = 7   2 + 4 + 3 = 9
   3 + 4 + 2 = 9   3 + 3 + 4 = 10
2 4 + 5 + 3 = 12   2 + 1 + 7 = 10
   6 + 2 + 2 = 10   9 + 4 + 3 = 16
   5 + 4 + 3 = 12   6 + 2 + 5 = 13
   8 + 2 + 3 = 13   5 + 8 + 6 = 19
3 16   18   16

Page 19
4 4 + 7 + 5 = 16   8 + 3 + 9 = 20
   6 + 5 + 6 = 17   7 + 5 + 4 = 16
5 4 + 6 + 2 = 12   5 + 1 + 9 = 15
   7 + 5 + 1 = 13   8 + 5 + 5 = 18
   3 + 2 + 8 = 13   8 + 6 + 8 = 22
   5 + 4 + 8 = 17   5 + 9 + 7 = 21
6 circles: 6 + 4 + 7 = 17 rectangles: 9 + 8 + 6 = 23
   squares: 5 + 3 + 8 = 16 triangles: 8 + 5 + 6 = 19

Adding a 2-digit number and ones
Page 20
1 57 + 6 = 63 29 + 5 = 34 36 + 8 = 44
   45 + 8 = 53 73 + 7 = 80 84 + 9 = 93
   82 + 5 = 87 17 + 4 = 21 68 + 6 = 74

2

27	25	30
28	31	26

24	22	23
21	19	25

45	43	40
47	42	46

3 63   79   90   75
   53   95   44   80

Page 21
4 12 → 16   85 → 92
   76 → 80   54 → 61
   49 → 53   31 → 38
   24 → 28   23 → 30
   87 → 91   68 → 75
5 51 62 102 73 41 81
   38 + 3 57 + 5 74 + 7 47 + 4 94 + 8 66 + 7
6 47 + 5 = 52 23 + 8 = 31 69 + 7 = 76
   84 + 3 = 87 36 + 6 = 42 71 + 9 = 80
   12 + 6 = 18 58 + 4 = 62 95 + 8 = 103

Subtracting a 2-digit number and ones
Page 22
1 56 − 3 = 53 27 − 4 = 23 32 − 5 = 27
   74 − 5 = 69 43 − 6 = 37 15 − 7 = 8
   91 − 2 = 89 60 − 8 = 52 88 − 9 = 79

2

32	28	34
30	36	31

5	8	7
10	4	6

37	42	44
43	40	36

3 18   36   72   9
   31   48   89   55

Page 23
4 51 → 44   86 → 81
   35 → 28   29 → 24
   18 → 11   62 → 57
   94 → 87   37 → 32
   73 → 66   44 → 39
5 79 48 58 88 34 71
   53 − 5 75 − 4 42 − 8 94 − 6 61 − 3 86 − 7
6 65 − 3 = 62 30 − 5 = 25 46 − 6 = 40
   17 − 9 = 8   58 − 2 = 56 81 − 7 = 74
   73 − 4 = 69 29 − 6 = 23 92 − 8 = 84

Adding a 2-digit number and tens
Page 24
1 27 + 40 = 67 38 + 50 = 88 74 + 20 = 94
   45 + 30 = 75 58 + 40 = 98
2 37 + 40 = 77 60 + 29 = 89 47 + 30 = 77
   60 + 19 = 79 53 + 30 = 83 40 + 54 = 94

3

+	36	23	51	48	14	33	56	44
40	76	63	91	88	54	73	96	84
10	46	33	61	58	24	43	66	54
30	66	53	81	78	44	63	86	74
20	56	43	71	68	34	53	76	64

Page 25
4 30 + 27 = 57 20 + 49 = 69
   16 + 40 = 56 14 + 70 = 84
   50 + 35 = 85 31 + 60 = 91
5 13 + 30 54 + 40 34 + 50 40 + 24 50 + 24 20 + 14
   64   84   43   34   94   74
6 56 + 20 = 76 40 + 37 = 77 74 + 20 = 94
   39 + 50 = 89 47 + 30 = 77 60 + 12 = 72
   20 + 38 = 58 60 + 23 = 83 56 + 40 = 96
   41 + 30 = 71 25 + 60 = 85 20 + 71 = 91

Subtracting a 2-digit number and tens
Page 26
1 66 − 50 = 16 45 − 30 = 15 87 − 40 = 47
   75 − 20 = 55 96 − 70 = 26
2 39 − 20 = 19 67 − 30 = 37 56 − 30 = 26
   84 − 50 = 34 79 − 50 = 29 82 − 60 = 22

3

−	40	10	20	30
59	19	49	39	29
66	26	56	46	36
88	48	78	68	58
77	37	67	57	47

−	40	70	50	60
91	51	21	41	31
89	49	19	39	29
73	33	3	23	13
96	56	26	46	36

Page 27
4 84 − 50 = 34 37 − 20 = 17
   88 − 60 = 28 59 − 40 = 19
   37 − 30 = 7   98 − 70 = 28
5 81 − 40 26 − 10 72 − 30 68 − 50 44 − 20 57 − 30
   18   27   16   41   42   24
6 73 − 40 = 33 62 − 20 = 42 81 − 50 = 31
   46 − 20 = 26 58 − 30 = 28 37 − 10 = 27
   93 − 70 = 23 51 − 40 = 11 84 − 60 = 24
   49 − 40 = 9   56 − 20 = 36 87 − 40 = 47

Adding and subtracting two 2-digit numbers
Page 28
1 67 72 71 61 97 99
2 53 + 47 = 100 35 + 28 = 63
   12 + 34 = 46   28 + 46 = 74
3 56 + 45 = 101   37 + 64 = 101
   37 + 56 = 93   64 + 45 = 109

Page 29
4 52 43 18 18 41 48
5 46 − 24 = 22 32 − 15 = 17
   54 − 22 = 32 55 − 38 = 17
6 46 − 34 = 12 59 − 27 = 32
   59 − 34 = 25 46 − 27 = 19

Check your progress

- Shade in the stars on the progress certificate to show how much you did. Shade one star for every ⭐ you circled in this book.
- If you have shaded fewer than 10 stars go back to the pages where you circled Some or Most ⭐ and try those pages again.
- If you have shaded 10 or more stars, well done!

Collins Easy Learning Addition and Subtraction Age 5–7 Workbook

Progress certificate

name _____

to

date _____

Star	Topic	Pages
1	Understanding addition	pages 4–5
2	Understanding subtraction	pages 6–7
3	Addition facts to 10	pages 8–9
4	Subtraction facts to 10	pages 10–11
5	Addition facts to 20	pages 12–13
6	Subtraction facts to 20	pages 14–15
7	Multiples of 10	pages 16–17
8	Adding three 1-digit numbers	pages 18–19
9	Adding a 2-digit number and ones	pages 20–21
10	Subtracting a 2-digit number and ones	pages 22–23
11	Adding a 2-digit number and tens	pages 24–25
12	Subtracting a 2-digit number and tens	pages 26–27
13	Adding and subtracting two 2-digit numbers	pages 28–29

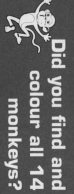

Did you find and colour all 14 monkeys?
(Including this one!)